おうちでカンタン！
おもしろ実験ブック
音の科学

監修 寺本 貴啓

秀和システム

大実験で"不思議"を探せ！

どうなるのかな？ まずはやってみよう！

　科学実験は、みなさんは好きですか？　科学実験は科学クラブや科学館などでやったことがあるかもしれませんね。理科の授業でやらないような楽しい実験はたくさんありますが、今回は「音の科学」というテーマでいくつかの実験を集めてみました。

　実験は、やってみないとわからない！　どんな変化があるのか、どんな音や色が出るのかなど、想像がつかないことがたくさん起こります。なかにはびっくりすることや、"なるほど！"と感じることもあると思います。まずはやってみて、自分の力で試してみましょう。これまで知らなかった、新しい体験ができますよ！

ほかの実験にも挑戦してみよう！

　この本に載せている実験は、みなさんに"おうちでもできる実験"として紹介しています。また、その実験に関係する詳しい説明も載せています。みなさんが実験を深く学べるようにしていますので、学校では学べない少し難しいことも書いていますが、「わかるところから」「興味のあるところから」読んでみてください。

　また、これ以外にも楽しい科学実験はたくさんあります。インターネットで探してみるとたくさん出てきます。自分がやってみたいことを探してみるのもいいですね。

　自分で実験をするときは、実験できる場所があるかどうか、材料がある（買える）かどうか、難しいのか簡単なのかなど、さまざまな問題があります。みなさんだけで簡単にできるというわけではありませんので、勝手に実験せず、おうちの方に相談してからやってみましょう！

さまざまな体験をすることは"思考力"を高める原動力

思考力の向上と科学実験

　科学実験を通して現象を見たり体験したりすることで「知識を増やす」ことができます。また、科学実験を通して「考える」こともたくさんできます。今回掲載した各章の最初の実験の多くは、ご家庭でもできるものを選定しています。まずは体験をしてほしいという思いからです。そして、それらの実験をきっかけに、その後のページにおいて日常生活で関連することを紹介し、知的好奇心につながるように構成しています。

　科学実験は「楽しい」だけではありません。科学実験を通して「考える」きっかけ作りをしてほしいのです。本書を通して、子どもたちの思考をどんどん活性化させてみてください。

子どもたちの主体性を大切に

　おうちの方は、子どもたちの主体性を大切にして、子どもたちにいろいろやらせてあげてください。科学実験は必ずしも成功することが重要なのではありません。途中で失敗することも「どうしてうまくいかないのかな？」と考える機会になります。大人は「早く」「正しい知識を」「効率的に」教えたくなりがちです。しかし、子どもたちは、正しいことを知ることだけを目的にしておらず「いろいろ自分でやってみたい」と思っています。そのような子どもたちの主体性を大切にして見守ってみてください。

　子どもたちの思考力や主体性を高めるうえで、おうちの方にお願いしたいことを以下にまとめました。ぜひ一緒に楽しんでいただければと思います。

- 主体的にできる環境を整えるために、子どもたちがやりたいことをやりたい時にやらせてあげる。
- 子どもたちに考える機会を作るために、考え方や手順などを大人があれこれ教えるのではなく、子どもたちに委ねてみる。
- おうちの方も一緒に楽しんでみる。

実験をはじめる前に

実験はおもしろくて夢中になってしまいがちですが、気をつけないと、ケガや事故につながることも。楽しく実験をするために、このページの注意をしっかり確認しておきましょう。

刃物やとがったもので顔や体をささないように

実験では、はさみなどの刃物や、キリのように先のとがったものを使うことがあります。ケガをしないように、これらのもので自分の顔や体をさしてしまったり、周りの人に当たらないようにしましょう。

実験で使った物は口に入れない

実験で使う物は、実験の最中にビニールなどと触れたり、ほこりが混ざったりするので、元が食べ物や飲み物であっても口に入れてはいけません。目や鼻にも入らないように注意してください。

おなかを壊したりしてしまうから、絶対にやらないこと！

4

水や塩を使うときは周りにも気をつけよう！

水や塩を使う実験は、周りを汚したり、大事な物にかかって壊してしまう危険もあります。強くたたいてこぼしたり、ひっくり返したりしないように気をつけましょう。

実験をする前に、新聞紙やビニールシートをしいておこう

実験の道具や場所はおうちの人と話しておく

実験の道具の中には、おうちの人も使いたいものもあります。また、実験によっては、広い場所が必要なときもあります。実験の前に、何をどこで使いたいか、おうちの人と話しておきましょう。

楽しい実験にするためにも、こんなところも確認しよう。
- 実験の前と後は、かならず手を洗う。
- 汚れてもよい服に着がえる。
- テーブルの上など、平らで安定した場所で実験する。
- 実験に使わないものは近くに置かない。

もくじ

2 はじめに
3 おうちのかたへ
4 実験をはじめる前に

1章
9 音を生み出す

10 水にぷかぷかフローティングドラム
14 音にはいろんな生み出し方がある！
16 楽器の形で音が変わる？
20 音を生み出す楽器の歴史

2章
21 音を比べる

22 はじいて奏でる　ティッシュボックス弦楽器
26 なぜ同じ材料で音が変わるの？
28 別の方法で音を比べよう①
30 別の方法で音を比べよう②
32 音のちがいを使った楽器

3章 音を見る　33

- 34 塩がダンスする!?　声で模様を作ろう
- 38 どうして塩が模様になるの？
- 40 音のちがいと周波数
- 42 身近な見える音
- 43 生き物の声の出るしくみ
- 44 葉っぱから音を出してみよう！

4章 音を伝える　45

- 46 コップでもしもし？　糸電話を作ろう
- 50 なぜ糸電話で話ができるの？
- 52 水の中で音はどんなふうに伝わる？
- 54 音で伝える生き物
- 56 音を伝える技術

5章
57 音を反射させる

- 58 声が聞こえる!?　傘のパラボラアンテナ
- 62 なぜ傘を使って会話ができたの？
- 64 音の反射は身近なところでもおきる
- 66 音を響かせる工夫　消す工夫
- 68 音の反射を使った技術

6章
69 音の速さ

- 70 どれくらい速い？　雷の音の速さを測ろう
- 72 音が伝わる速さはどのくらい？
- 74 音の速さってどう変わる？
- 76 速さで音が変わる!?

78 おわりに

● 注意

(1) 本書は監修、執筆者が独自に調査した結果を出版したものです。
(2) 本書は内容について万全を期して作成いたしましたが、万一、ご不審な点や誤り、記載漏れなどお気付きの点がありましたら、出版元まで書面にてご連絡ください。
(3) 本書の内容に関して運用した結果の影響については、上記(2)項にかかわらず責任を負いかねます。あらかじめご了承ください。
(4) 本書の全部または一部について、出版元から文書による承諾を得ずに複製することは禁じられています。
(5) 本書に記載されているホームページのアドレスなどは、予告なく変更されることがあります。
(6) 商標
　　本書に記載されている会社名、商品名などは一般に各社の商標または登録商標です。

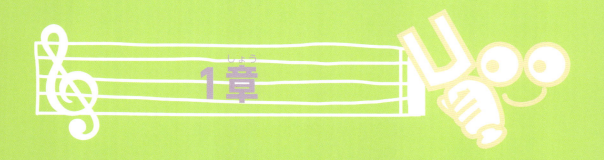

1章

音を生み出す

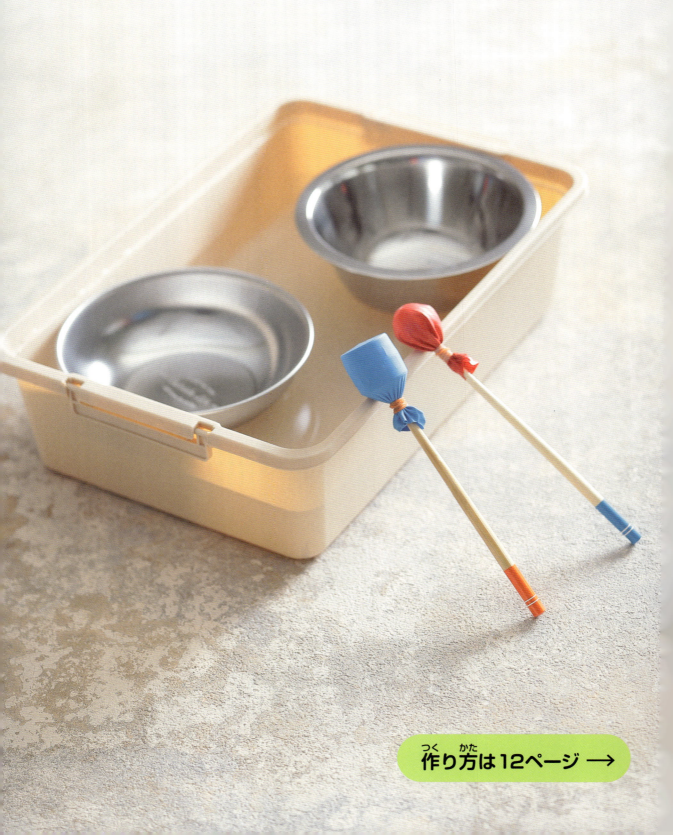

作り方は12ページ →

水にぷかぷか
フローティングドラム

準備するもの

- ステンレスのボウル（サイズがちがうもの） 2個
- ペットボトルのキャップ 2個
- キリ（目打ち）
- はさみ
- 風船 2個
- スーパーボール 1個
- ハンドドリル（太めのものを使おう）
- 水
- 輪ゴム 2本
- はし（先が細いものにしよう） 1膳（2本）
- プラスチックボックス（ステンレスのボウルが入るサイズ）
- セロハンテープ

♪ 実験スタート！

1 風船の細長い口の部分をはさみで切り落とします。

空気でふくらむ方を使うよ

きる

2 ペットボトルのキャップ1個に、キリで真ん中に穴を開けます。

5 4に1の風船を1個かぶせて輪ゴムでしばります。

4 もう1個のキャップを重ね合わせてセロハンテープでとめます。

3 2の穴に、はしを差しこみます。

1章 音を生み出す

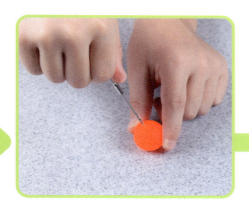

6 スーパーボールの半分くらいの深さまで、ハンドドリルで穴を開けます。

7 スーパーボールの穴に、はしを差しこみます。

しばる

8 7のスーパーボールに1のもう1個の風船をかぶせて、輪ゴムでしばります。

9 プラスチックボックスに水を入れて、ボウルを浮かせます。

それぞれのバチやボウルがちがうと、どんな音のちがいがあるかな？

はしのバチでたたくと、きれいな音がするね

ゴール！

音にはいろんな生み出し方がある！

生み出し方のちがいで、音が変わる

実験のフローティングドラムは、ボウルをたたいて音を生み出しました。音の生み出し方は、たたくだけでなく、楽器を使ったさまざまな方法があります。下の図はそれらを大きくまとめたものです。

図の内側から A 楽器の分類　B 音を生み出す方法　C その方法が使われている主な楽器の名前となっています。

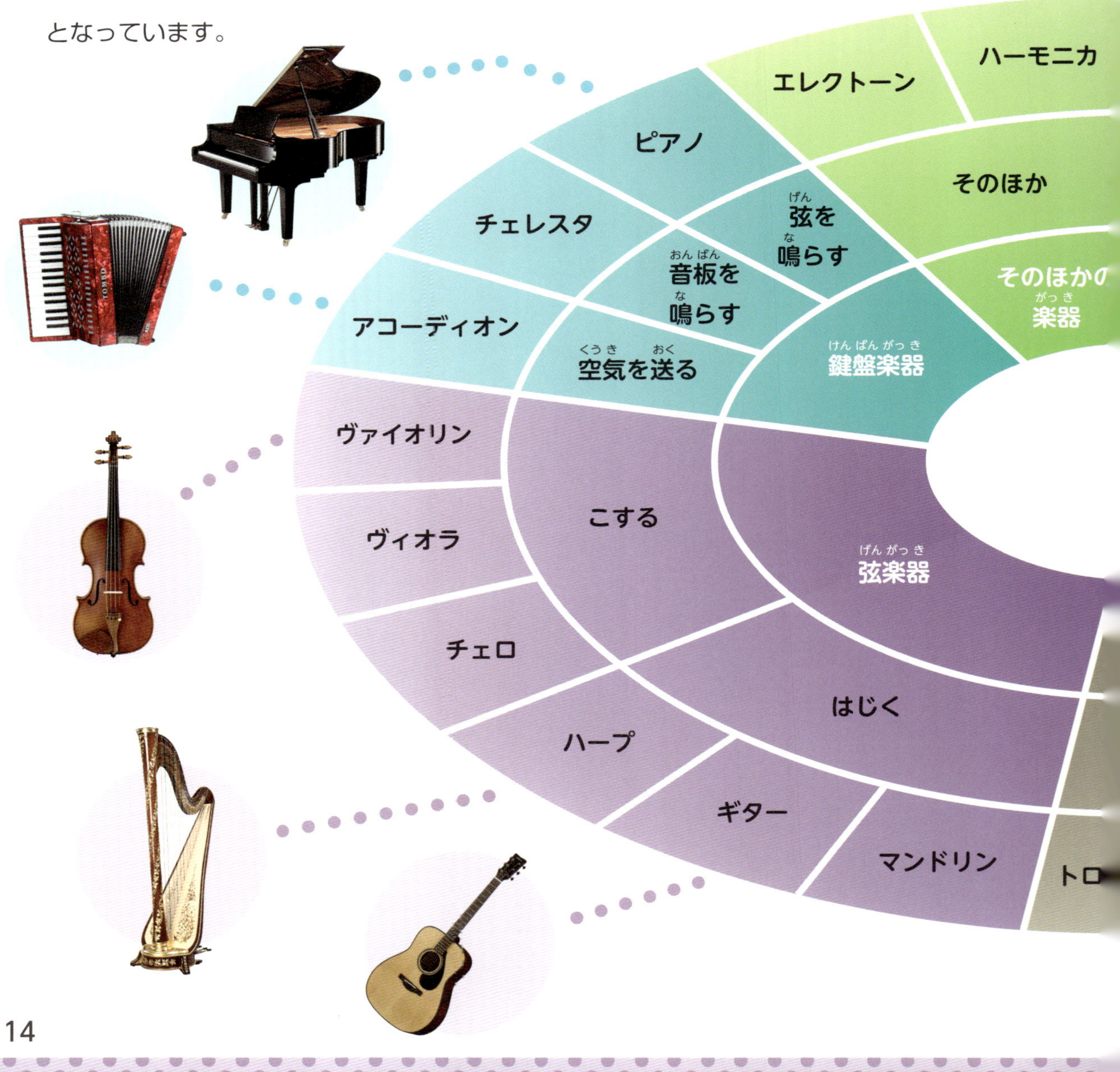

ハーモニカ

エレクトーン

ピアノ

弦を鳴らす

そのほか

チェレスタ

音板を鳴らす

そのほかの楽器

アコーディオン

空気を送る

鍵盤楽器

ヴァイオリン

こする

ヴィオラ

弦楽器

チェロ

はじく

ハープ

ギター

マンドリン

トロ

1章 音を生み出す

このように、
① 打つ・たたく＝**打楽器**
② 吹く・ふるわせる＝**木管楽器**・**金管楽器**
③ はじく・こする＝**弦楽器**
④ 弦や音板を鳴らす・空気を送る＝**鍵盤楽器**
⑤ **そのほか**（エレクトーンやハーモニカなど）

と、多くの音の生み出し方があることがわかります。
　では、なぜ楽器の形（種類）が変わると、生み出した音（音色）も変わるのでしょう？

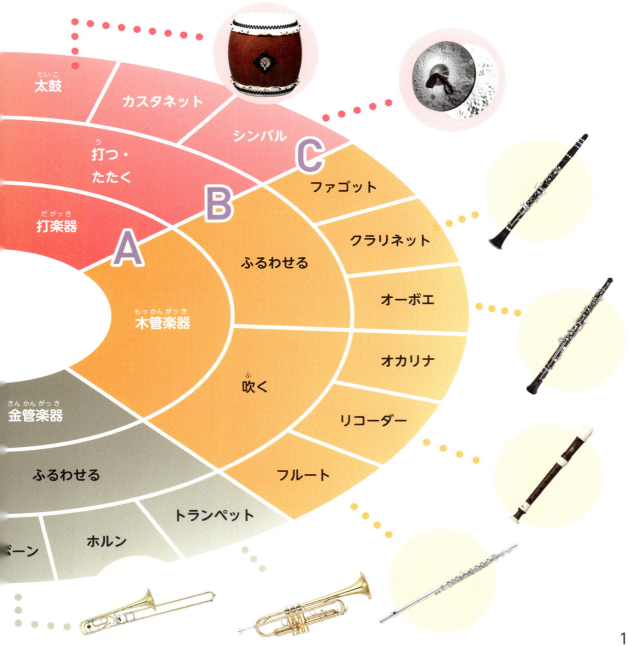

楽器の形で音が変わる？

打楽器

あらゆる楽器の中でも、最も早く生まれたものが打楽器であるといわれます。最初の打楽器は、木や金属などを棒でたたいて音を出していたものだったそうです。その多くは、遠くにいる仲間に合図を送ったり、敵を驚かせたりする道具として使われていたようです。楽器とはちがう使われ方をしていたものから、打楽器は生まれたと考えられています。

打楽器は、楽器をバチや手などでたたくことで音を出します。しかし、それだけでは大きな音が出ないので、箱や筒を使って音が響くように作られています。

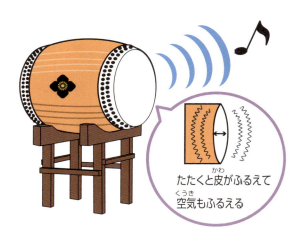

たたくと皮がふるえて空気もふるえる

太鼓の仲間

太鼓の仲間は、中が空洞になった筒形の「胴」に、動物の皮やプラスチックでできた皮を張って「面」を作っています。面をたたくことで生じた振動が、周りの空気もふるわせて音が鳴ります。

シンバルの中の空気がふるえて広がる

シンバルの仲間

丸い円盤のようなシンバルは、1枚だけでも音は出ますが、2枚をぶつけ合わせることで大きな音を出します。ぶつけた後に2枚のシンバルを広げると、中の空気がふるえて広がり、遠くまで音が響きます。

1章 音を生み出す

弦楽器

　狩りのときに獲物に向かって矢を放つ弓の糸を指ではじいて音を出したのが、弦楽器のはじまりだとされています。打楽器と同じく、もともとはちがう道具として使われていたものが、音を出すものとみなされ、楽器になっていったと考えられています。

　弦楽器は、空洞になった胴に張った糸である「弦」をふるわせて音を出します。

弓の毛のギザギザが弦にひっかかる

ヴァイオリンの仲間

　ヴァイオリンの仲間は、馬のしっぽの毛で作った弓で、弦をこすって音を出します。弓の毛には、顕微鏡で見ないとわからない細かいギザギザがあり、それが弦にひっかかることで、弦がふるえて音が鳴ります。

弓の毛にあるギザギザは「キューティクル」というよ

弦がはじかれてふるえる

ギターの仲間

　ギターの仲間は、指やピックという道具で、弦をはじいて音を出します。引っ張られた弦が元の位置に戻ろうとふるえることで、音が出ます。

ヴァイオリンとはちがうものを使って、弦をふるわせるんだね

木管楽器・金管楽器

　息を吹くことで音を出す楽器を「管楽器」といい、大きく「木管楽器」と「金管楽器」に分けられます。

　木管楽器は、動物の骨や木の中をくり抜いたものに息を吹きこんで音を出したのが、はじまりだったと考えられています。そして、管の途中に穴を開け、それを開け閉めして音の高さを変えるようになりました。打楽器よりも楽器として生み出そうとしたことがうかがえます。

　金管楽器の祖先は、動物の角の先に穴を開け、そこにくちびるを当ててふるわせることで音を出した角笛などです。くちびるの振動だけでは音が小さいので、ラッパのように金属の形を工夫することで、音が大きくなるように進化していきました。

　木管楽器と金管楽器で音の出し方はちがいますが、ここでは手作りの楽器のしくみに近い木管楽器についてみてみましょう。木管楽器は、楽器に息を吹きこむことで音を出します。そのしくみのちがいで、下のように3つの仲間に分けることができます。

木管楽器の音の出し方

エアリード	シングルリード	ダブルリード
管の角に息をぶつけて「空気」をふるわせて音を出すしくみ	草の茎でできた「小さな板（リード）」をふるわせて音を出すしくみ	「合わせた2枚のリード」をふるわせて音を出すしくみ
リコーダー	クラリネット	オーボエ
フルート	サクソフォン	ファゴット
など	など	など

1章　音を生み出す

リコーダーの仲間

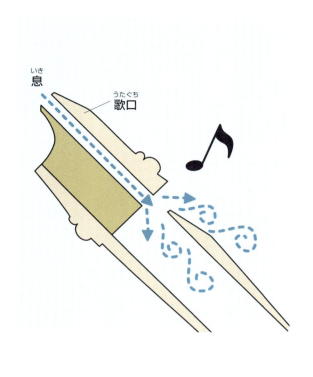

リコーダーの仲間は、左ページの表のように「エアリード」というしくみで音を出します。管の角に直接息を吹きかけるのではなく、歌口に開けた通り道を通った息が、管が切りこまれた部分の「角」に当たることにより音が出ます。

共通点は「ふるわせること」

　このように、楽器の形（種類）がちがうことで、音を出すしくみは変わります。しかし、どの楽器でも同じなのは、空気や物をふるわせて音を出しているということです。このように、どのものにも同じようにいえることを「共通点」といいます。
　つまり、音を生み出すしくみは、ふるわせること（振動）によって空気をゆらし、そのゆれを耳まで届けていることです。
　また、材質、サイズ、形などの「音を生み出すものの条件」が変わることで、音の大きさや高さ、長さ、音色（波長）などの「音の特性」も変わります。

音を生み出す楽器の歴史

　楽器の歴史は、人類の文明とともに発展してきました。さまざまな文化が楽器の発展に大きく関わり、たとえば古代エジプトのハープから、中国のカノンまで、さまざまな楽器が登場しています。それだけ、音を生み出すことは、人類共通の大切なことだったのでしょう。その例として、ヨーロッパでの歴史をみてみましょう。

中世ヨーロッパのキリスト教と楽器

　中世ヨーロッパでは、楽器は「悪魔の道具」とされていました。キリスト教では言葉の価値が高く、器楽（楽器だけで作る音楽）は価値が低いものとされていたのです。しかし、竪琴やラッパ、オルガンは聖書に出てくる重要な楽器として認められていました。

ルネサンス期（14〜16世紀）の楽器

　昔は楽器を嫌っていましたが、その雰囲気が薄まり、一般市民も楽器を手に取るようになり、多声音楽を演奏する際に、自由に楽器を加える習慣が広まりました。

バロック期（16〜18世紀）の器楽

　バロック期には、主旋律（曲の中心のメロディー）が誕生し、和声的な音楽が広がりました。ヴァイオリン属（ヴァイオリン、チェロ、ヴィオラなど）も台頭し、オペラの伴奏に重要な役割を果たしました。

ピアノの時代

　1700年頃に楽器製作家のクリストフォリがピアノを発明しました。ピアノはバロック期のチェンバロ曲やオルガン曲に源流をもち、独奏の誕生につながりました。

時代とともに発展した楽器は、絵画などにも描かれているよ

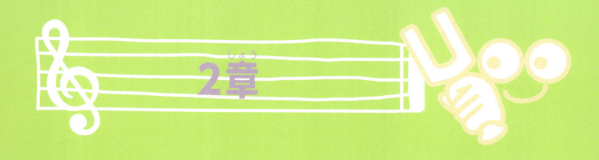

2章

音を比べる

作り方は24ページ →

はじいて奏でる
ティッシュボックス弦楽器

準備するもの

ティッシュボックス

1箱

輪ゴム

5本

厚紙

定規

セロハンテープ

はさみ

♪ 実験スタート!

手を切らないように気をつけよう!

1 2cm×9cmの大きさの紙が5本できるように、定規で厚紙を測って、はさみで切ります。

輪ゴムは強く引っ張ると切れてしまうよ。やさしく引っ張ろう

3 ティッシュボックスの長い辺に合わせて輪ゴムをかけます。

2 1の紙を3つに折り、端をセロハンテープでとめて、三角形を作ります。

2章 音を比べる

4 三角形の紙を輪ゴムとティッシュボックスの間に挟みます。

5 残りの輪ゴムにも三角形の紙を挟みます。三角形の紙の位置はバラバラになるようにしましょう。

完成したら指で輪ゴムをはじいて演奏しよう！

同じ輪ゴムなのに、なんで音がちがうんだろう？

ゴール！

25

なぜ同じ材料で音が変わるの？

輪ゴムのふるえ方が変わると音も変わる

　実験で作った楽器は、同じ輪ゴムを使っているのに、指ではじくとちがう音が鳴ります。なぜ音が変わるのでしょう？

　輪ゴムの弦をはじいて出る音は、弦がどのくらいの速さ、大きさでふるえるかで決まります。このときのふるえを「振動数」といいます。振動数が大きく、ふるえる回数が多いときほど、高い音が出ます。

　振動数は、弦の長さや、伸び具合（ピンと張っているかどうか）によって決まります。三角形の紙の位置を動かすと、輪ゴムがふるえる長さが変わり、振動数が変わります。振動数が増えると音が高くなり、振動数が少なくなると音が低くなります。そのため、同じ輪ゴムをはじいても、音にちがいが生まれていたのです。

　実験の楽器は、日本の伝統的な楽器「琴」をモチーフにしています。このように弦をはじいて音を出す楽器はそのほかにも、ギターやウクレレ、ハープなど、さまざまなものがあります。それぞれの楽器は、どのように音の高さを変えているのか、調べてみるのもおもしろいですね。

空気のふるえ方のイメージ

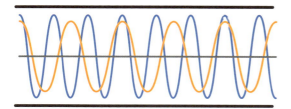

少ない振動（オレンジ）と多い振動（青）

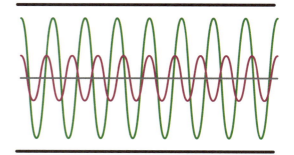

小さい振動（赤）と大きい振動（緑）

振動数とふるえる回数、2つの要素で音の高さが変わるんだ

2章 音を比べる

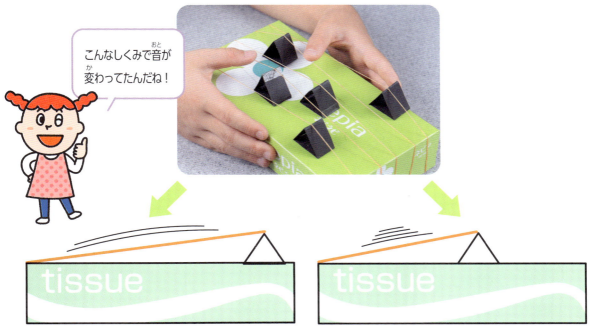

こんなしくみで音が変わってたんだね！

輪ゴムが長いと振動数が少なくなり、音が低くなる。

輪ゴムが短いと振動数が多くなり、音が高くなる。

輪ゴムの太さを変えると、どんな音になるかな!?

別の方法で音を比べよう①

「ペットボトルリコーダー」で音を比べる

　ペットボトルリコーダーは、ペットボトルに水を入れてリコーダーのように吹きます。息を吹くとペットボトルの口から空気が出入りして、その振動により音が出ます。ペットボトルの空気の量（体積）を変えると、振動が変わって、音も変わります。

作り方

1 500mlのペットボトルを準備します。

キャップはいらないよ。きれいに洗ったものを準備してね

2 ペットボトルに少し水を入れます。

3 ペットボトルにくちびるをつけ、フーッと息を吹きます。

ペットボトルリコーダーのしくみ

2章 音を比べる

1 ペットボトルの口の上に速い空気の流れができます。

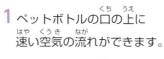

2～4をくり返して音が出ます。

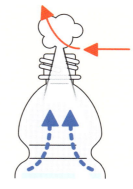

2 ペットボトルの中の空気が外に出ようとします。

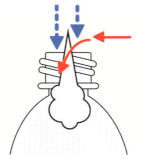

3 圧力というものが関係して、またペットボトルの中へ空気が入ろうとします。

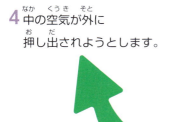

4 中の空気が外に押し出されようとします。

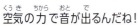
空気の力で音が出るんだね！

水の量を変えたり、ペットボトルをへこませたりするとどんな音になるかな？

別の方法で音を比べよう②

「グラスハープ」で音を比べる

グラスハープは、水の入ったグラスをバチでたたいたり、指でこすったりして演奏する楽器です。バチでグラスをたたくことで、グラスが振動します。グラスが振動すると、その周りの空気も振動して音が鳴ります。水の量が少ないとグラスが軽いので、振動数が大きくなり、高い音が鳴ります。反対に、水の量が多いとグラスが重くなるので、振動が小さくなり、低い音が出ます。

また、ガラス製のグラスを金属製のスプーンでたたくと、より高くてきれいな音になります。

作り方

1 同じ大きさのガラスのコップ3個と金属製のスプーンを準備します。

強くたたくとコップを割ってしまうよ！やさしく扱おう

2 水の量が変わるように、コップに水を入れます。

3 スプーンでコップの縁を軽くたたきます。

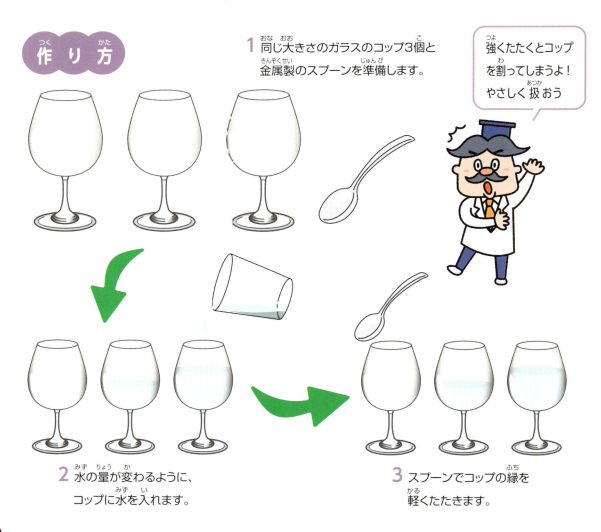

2章 音を比べる

グラスハープのしくみ

「たくさんふるえるよ〜」　「あまりふるえないよ〜」

水が入っていない
- グラスが軽い
- たくさんふるえる
- 周りの空気もたくさん振動する

→ 音が高い

水が少し入っている
- グラスが少し重い
- 少しふるえる
- 周りの空気も少し振動する

→ 音が少し低い

水がたくさん入っている
- グラスが重い
- 少ししかふるえない
- 空気も少し振動する

→ 音が低い

「グラスの重さで、音の鳴り方が変わるんだ！」

「グラスの数を増やしたり、ちがう形のグラスで試してもおもしろいよ」

音のちがいを使った楽器

鉄琴と木琴

鉄琴と木琴は、よく似た形をした楽器ですが、異なる素材の音板や、長さのちがうパイプを使うことで音色を変えています。

管楽器

演奏している様子が同じように見える管楽器も、素材や大きさ、しくみのちがいにより、楽器の中の空気の振動が変わり、それぞれちがう音が鳴ります。

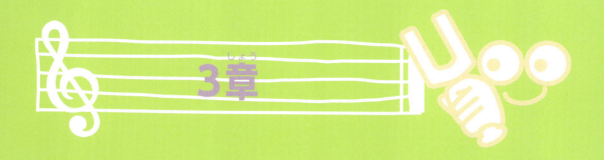

音を見る

作り方は36ページ →

塩がダンスする⁉
声で模様を作ろう

準備するもの

ボウル
1個

黒いビニール袋
1枚

塩

ビニールテープ

セロハンテープ

はさみ

スプーン

メガホン

35

♪ 実験スタート！

1 ボウルよりも少し大きいサイズになるように、ビニール袋をはさみで切ります。

2 切ったビニールを、ボウルにピンと張るように、セロハンテープで貼ります。

ビニールが取れないように、ビニールテープでさらに固定するんだ

3 2で貼ったビニールの端に、さらにビニールテープを巻きます。

ビニールがヨレヨレだと、実験がうまくできないよ！

3章 音を見る

4 ビニールの上に、まんべんなく塩をのせます。

5 ボウルに向かって、メガホンで声を出します。

わーっ!!

塩が模様になった！

ゴール！

声の大きさや高さが変わってもできるかな？ 試してみよう！

どうして塩が模様になるの？

音のふるえでできる「クラドニ図形」

　先ほどの実験では、メガホンで声を出しただけなのに、どうして塩が模様になったのでしょう？　メガホンを使っているので実験中は見えないかもしれませんが、じつは声を出しているときに、塩の下のビニールがふるえているのです。声に合わせてビニールが振動することで、塩が動いて模様ができます。

　このように、音や振動によってできる特別な図形のことを「クラドニ図形」といいます。クラドニ図形の特徴は「波」や「カーブ」のように、まっすぐな線ではなく曲がった線を描くところです。音の高さや振動の大きさによって、複雑な模様に変わります。

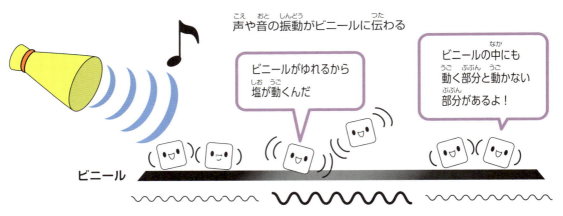

クラドニ図形の例

つながりは「周波数」

振動の大きさを表す言葉に「周波数」があります。周波数とは、何かがくり返す回数のことをいいます。ギターの弦をはじくと、ぶるぶるとふるえますが、この振動が1秒間に何回くり返されるか、これが周波数です。周波数が大きいと、細かく振動するようになり高い音が出ます。周波数が小さいと、振動の回数が少なくなり低い音が出ます。周波数によるこのちがいが、音の高さによってクラドニ図形の模様が変わる理由です。

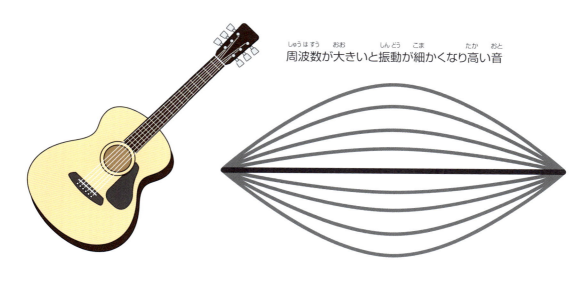

周波数が大きいと振動が細かくなり高い音

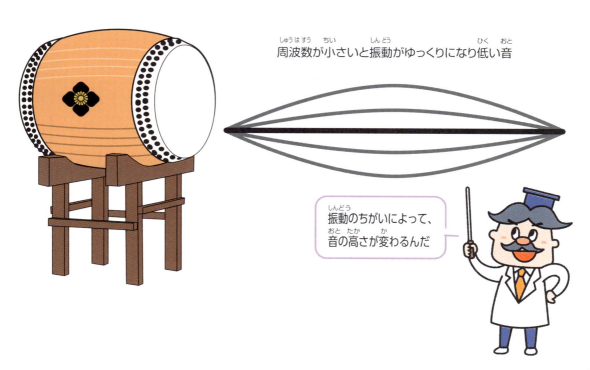

周波数が小さいと振動がゆっくりになり低い音

振動のちがいによって、音の高さが変わるんだ

音のちがいと周波数

周波数の単位「Hz」

　周波数の大きさを数字で表すときは「Hz」という単位を使います。1Hzは、音の振動が1秒間に1往復起きていることを表します。たとえば、100Hzなら、その音は1秒間に100回の往復振動していることになります。それでは、周波数が大きい音、小さい音は、どんな音なのでしょうか？

周波数が大きい

周波数の大きい音の例
・笛の音（4,000Hz）
・小鳥のさえずり（2,000～10,000Hz）
・赤ちゃんの高い泣き声（2,000Hz）
高い音は「キー」「ピーピー」と聞こえるような音になる

周波数の小さい音の例
・太鼓の音（125～160Hz）
・雷の音（500Hz）
・大きな楽器の音（バスドラム25～28Hz、大太鼓125Hz）
低い音は「ドーン」「ブーン」と聞こえるような音になる

周波数が小さい

身近な例だと、こんな周波数だよ

スピーカーの周波数
約20～20,000Hz

赤ちゃんの泣き声
約300～600Hz

40

3章 音を見る

周波数の波形

下の図は、音や振動の動き方を表したものです。周波数が大きいと、波形（波の大きさ）と波形の幅が小さくなります。反対に、周波数が小さいと、波形と波形の幅が大きくなります。

周波数が大きいと、波がたくさんできる

周波数が小さいと、波がゆるやかになる

実験のボウルを使ったクラドニ図形の場合は…

周波数が大きいと細かく振動するから、
複雑で細かい形になる。

周波数が小さいと大きく振動するから、
シンプルで広がった形になる。

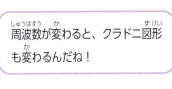

周波数が変わると、クラドニ図形も変わるんだね！

41

身近な見える音

波紋

　水面が波になってゆれる波紋は、水を通じて音が見える形になった例です。水に音が伝わると、その振動が波紋として広がり、目で見ることができるようになります。

グラスハープ

　グラスハープは、水の入ったグラスを指でこすったり、バチでたたくことで、グラス全体が振動し、グラスに入っている水が細かくゆれます。水面に波紋ができたり、水滴がゆれたりする様子は、見える音といえます。

グラスハープは30ページにやり方があるよ

トライアングル

　トライアングルにふせんをつけてたたいてみると、ふせんがユラユラとゆれます。トライアングルはたたいてふるわせることで音が出ますが、このふるえがふせんに伝わってゆれるのです。これも見える音のひとつになります。

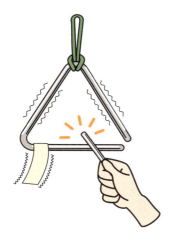

生き物の声の出るしくみ

イルカの鳴き声

イルカは頭の上にある穴（ブロー・ホール）の近くの鼻道にある「音声ひだ」を振動させることで音を出します。この音は、空気の圧によって作り出されます。

頭にある鼻の中のひだをふるわせて声を出す

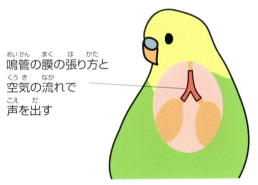

鳥の鳴き声

鳥には「鳴管」という器官があります。鳴管の膜が空気の流れによって振動し、その振動が音を作り出します。鳥は鳴管の周りの筋肉を使って、膜の張り具合や空気の流れを調節し、音の高さや強さをコントロールしています。

鳴管の膜の張り方と空気の流れで声を出す

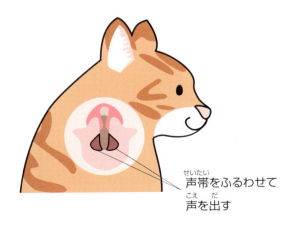

猫の鳴き声

猫は「声帯」という器官をふるわせて鳴き声を出します。鳴き声にはさまざまなレパートリーがあり、かまってほしいとき、おなかがすいたときなど、飼い主に思いを伝えるときなどに鳴きます。

声帯をふるわせて声を出す

動物も鳴き声を出すときは、何かをふるわせてるんだね

葉っぱから音を出してみよう！

草の葉を使った「草笛」は、昔から日本や中国などでも親しまれている自然遊びのひとつです。葉をくちびるに当てて軽く吹くことで振動ができて、音が鳴ります。

草笛に使える葉にはどのようなものがあるのでしょうか？　草笛にぴったりな葉には、笹やシラカシ、ミョウガなどがあります。これらの植物は自然の中で見つけやすく、とくに音を出しやすい性質を持っています。葉を選ぶときは、弾力があり、表面がなめらかで、左側と右側がほとんど同じ形をしたものを選ぶのがポイントです。

また、植物の種類によって、鳴る音がちがいます。さまざまな葉で挑戦すると、おもしろい発見があるかもしれません。

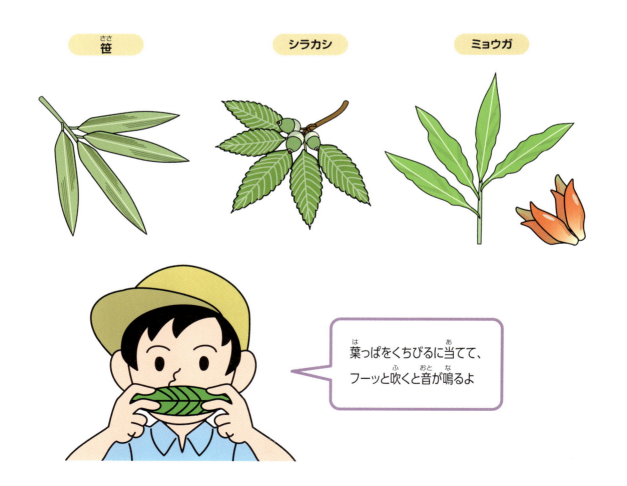

葉っぱをくちびるに当てて、フーッと吹くと音が鳴るよ

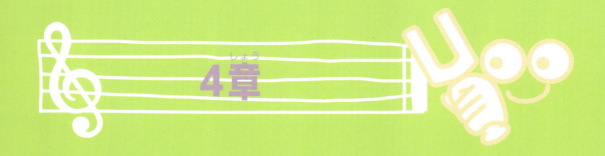

4章

音を伝える

作り方は48ページ →

コップでもしもし？
糸電話を作ろう

準備するもの

紙コップ
2個

つまようじ
2本

はさみ

セロハンテープ

糸（たこ糸）

♪ 実験スタート!

1 紙コップの底の真ん中に、つまようじで穴を開けます。

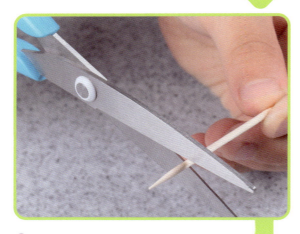

2 つまようじの両端を、はさみで切っておきます。

手をささないように、気をつけてね!

4 紙コップの内側に出した糸の端に、2のつまようじを結びます。

3 1で開けた穴に、紙コップの外側から内側へ、糸を通します。

48

4章 音を伝える

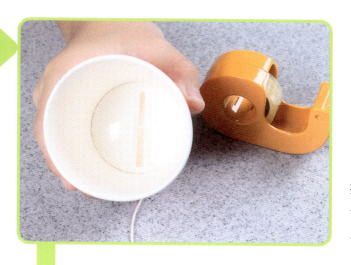

5 穴から糸とつまようじが抜けないように、糸を結んだつまようじを紙コップの底にセロハンテープでとめます。

とめる

6 同じ手順で、糸の反対側にも紙コップをつけます。

完成したら、おうちの人や友達と話してみよう！

ヒソヒソ

ゴール！

49

なぜ糸電話で話ができるの？

「振動」が伝わるから「聞こえる」

　私たちは毎日、さまざまな音を耳にしています。では「音が聞こえる」とは、どういうことなのでしょう。

　音が鳴るということは、その物（音源）が振動するということです。音源の振動が空気を振動させ、空気の振動が耳の中にある「鼓膜」まで伝わります。その振動が、鼓膜につながっている耳小骨に伝わり、さらにその奥にある蝸牛が振動を電気信号に変えて脳に伝えることで、音が聞こえるのです。

　自分の手をたたいたら、その音がすぐに聞こえるでしょう。音が耳に伝わり、電気信号になって脳に伝わるのは、とてつもない速さだということがわかります。

　糸電話では、声の振動が糸を通じて反対側のコップに伝わることで、声が聞こえます。糸の素材を変えると、音の伝わり方も変わります。いろんな糸で試してみると、新しい発見があるかもしれません。

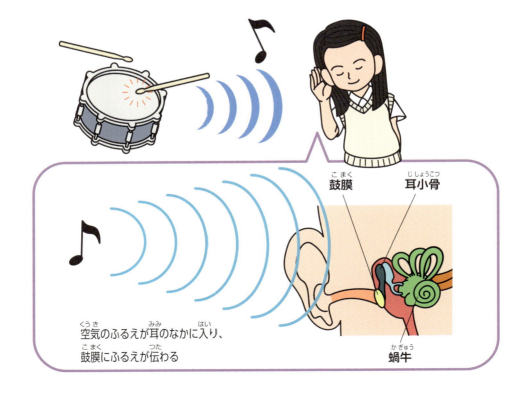

鼓膜　耳小骨

空気のふるえが耳のなかに入り、鼓膜にふるえが伝わる

蝸牛

4章 音を伝える

空気中から物へ伝わる音

空気中で起きた音（振動）は、発生したところを中心に全方位へ広がります。広がった振動が耳の中の鼓膜に届くと、鼓膜が振動して「音」として聞こえます。広がった振動が物に届くと、その物も振動します。

物には、振動が伝わったときに1秒間にどれくらい振動するか、決まった数があります。これを「固有振動数」といい、この振動数と同じ振動が加えられると、物は大きく振動します。たとえば、同じ音叉を2つ並べて片方だけたたくと、空気中に振動が伝わり、同じ「固有振動数」を持つもう1つの音叉も振動して、たたいていないのに音が鳴ります。これを「共鳴」といいます。

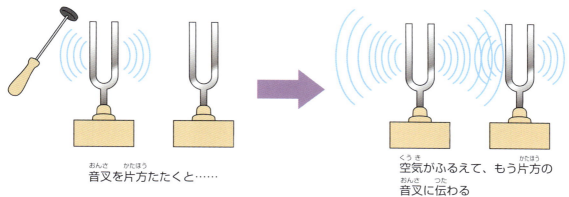

音叉を片方たたくと……

空気がふるえて、もう片方の音叉に伝わる

水中の音の伝わり方

水中でも音（振動）は伝わります。しかし、水中と空気中では、音の伝わりやすさがちがいます。水中の方が音が伝わりやすいのです。

水中は、空気中よりも音が弱まりにくく、遠くまで届きます。これは空気中と水中の粒（分子）の密度のちがいによるもので、密度が高い方が音はより速く、遠くまで伝わります。

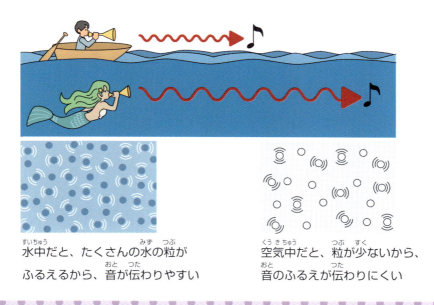

水中だと、たくさんの水の粒がふるえるから、音が伝わりやすい

空気中だと、粒が少ないから、音のふるえが伝わりにくい

水の中で音はどんなふうに伝わる？

水の外から中に音は伝わる？

水の外の音は、そのまま水の中にも伝わるのでしょうか？　身近な水中といえば、おふろ。おふろに入っているときに、実験することができます。

まず、顔が出ているときに聞こえる音や話し声は、いつもと同じか確認しましょう。そして、おふろにもぐり、外の音を聞いてみます。実験してみると、外の音は水中でも聞くことができます。つまり、空気中の振動は水中にも伝わるということです。

しかし、水の外にいるときとは聞こえ方がちがい、はっきりとは聞こえません。これは水の外の音が耳に届くまでに、空気と水という密度のちがう所を通っているからなのです。また、耳の中にある空気の層が、水中からの音を反射してしまうことも、聞こえ方が変わる理由です。

密度が高いものの方が音（振動）を伝えやすい性質があります。そのため、固体、液体、気体の順で、音が伝わりやすくなります。

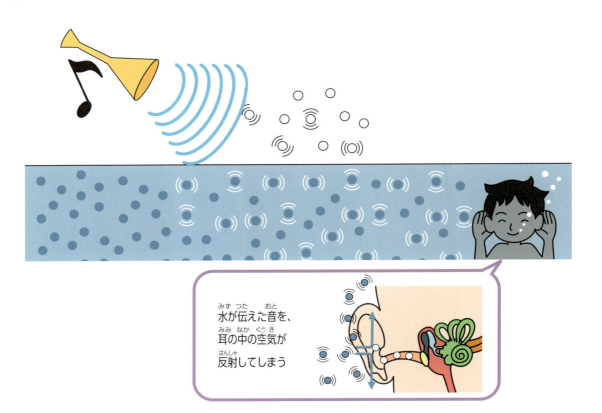

水が伝えた音を、耳の中の空気が反射してしまう

4章 音を伝える

水の中で音を聞く

　水の中で、ほかの人と動きを合わせて演技をするアーティスティックスイミング。音が聞こえないと、動きをそろえることもできません。会場の空気中の音は水の中には伝わりにくいため、水中に専用のスピーカーがあります。はじめから水中にスピーカーがあるため、外の音を水中で聞くよりも音が聞こえやすいのです。
　また、練習をするときには、水中で金属の棒をぶつけて音を出すことで、リズムをとることもあります。水の外で声や音を出すよりも、その方が速く伝わるからなのです。

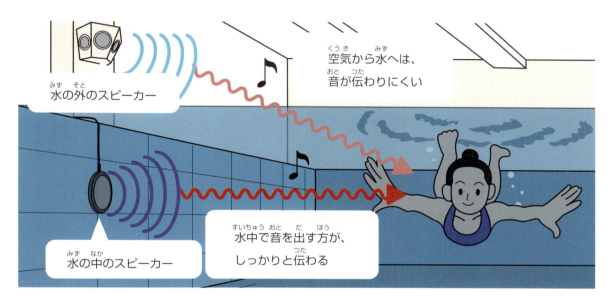

プールで実験！

　水の中で音はどこまで届くでしょうか。水の中の方が、より速く、遠くまで音は伝わります。友達と一緒に水の中にもぐり、音を出してみましょう。聞こえたら、少し距離を空けて音を出す。これをくり返して、どこまで音が聞こえるか試してみるとおもしろいかもしれません。

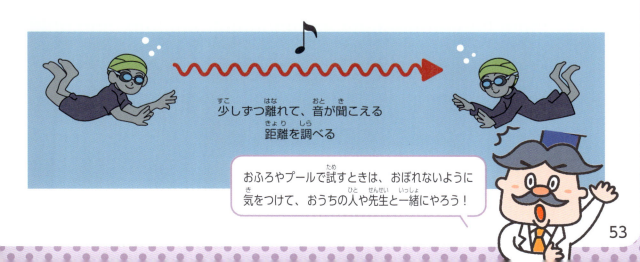

53

音で伝える生き物

　音で何かを伝えるのは、人間だけではありません。動物たちも気持ちを伝えたりするのに、音を使っています。

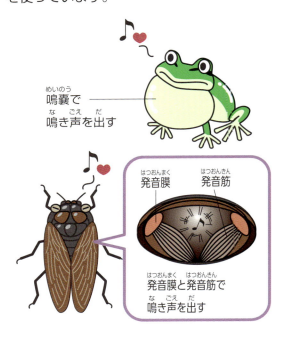

求愛

　カエルやセミなどの生き物の鳴き声は、季節を感じられる物事のひとつです。これらの生き物は、オスが鳴くことでメスへ自分をアピールします。

　カエルは、のどで発した音を「鳴囊」という袋の中で響かせて大きくすることで、より遠くのメスに鳴き声が聞こえるようにします。セミは、腹部にある発音板をふるわせ、その音を腹部で響かせることで鳴き声を出しています。

探す

　コウモリは目があまりよくありません。それでも、暗い中を飛び、小さな虫を捕まえることができるのは、音を活用しているからです。

　人間には聞こえない高い音（超音波）を口から出して、はね返った音からエサとなる生き物の位置をとらえ、捕まえます。また、同じしくみで周りの様子もわかるので、暗い中で飛び回っても何かにぶつかることはありません。

54

4章 音を伝える

威嚇

　アメリカ大陸に広く分布するガラガラヘビは、しっぽをゆらして音を立てることで、敵を威嚇します。しっぽの先に、中が空洞になっている関節があり、これを素早く振ることで関節同士がこすれて鳴り、しっぽの中で音が大きくなることで、独特な音が聞こえるのです。

　日本でも見られるスズメバチは、巣に敵が近づくと、顎をかみ合わせることでカチカチと鳴らして、相手を威嚇します。

　どちらも非常に危険な生き物ですが、いきなり襲いかかるのでなく、先に威嚇をしてきます。音が聞こえたら、敵として見られているということなので、静かに立ち去りましょう。

しっぽをゆらして音を立てる

顎のかみ合わせで音を鳴らす

コミュニケーション

　クジラは鳴き声を出して、仲間とコミュニケーションを取っています。近年の研究では、鳴き方に規則性があり、人間の言葉のように決まった構成があるとされています。

　じつは魚も、浮袋の近くの筋肉を素早く伸び縮みさせることで、音を出してコミュニケーションを取っていることがわかっています。

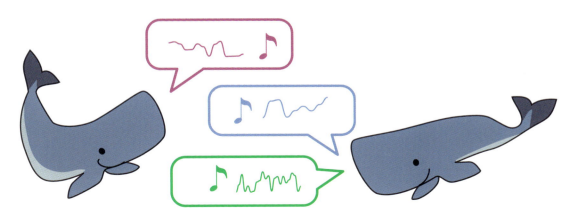

鳴き声を使い分けて仲間とコミュニケーションを取る

音を伝える技術

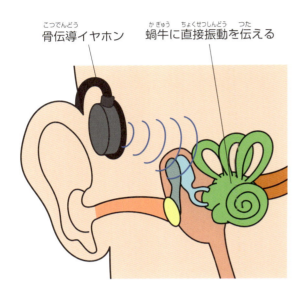

骨伝導イヤホン
蝸牛に直接振動を伝える

骨伝導イヤホン

　音を聞くことができるのは、空気の振動が鼓膜、耳小骨、蝸牛へと伝わり、蝸牛が振動を電気信号に変えて、脳に伝えるからです。そのしくみを使っているのが「骨伝導イヤホン」です。骨伝導イヤホンは、鼓膜から振動を伝えるのではなく、耳の周りから振動を伝え、その振動を蝸牛に届けています。周りの音の影響を受けにくいため、より聞こえやすいとされています。

伝声管が声を伝えて
離れていても会話ができる

伝声管

　音は直径の小さい管の中では振動が弱まりにくく、より遠くまで音を伝えることができます。このことを利用したのが「伝声管」です。かつては、大型の船の中で連絡を取るときなどに使われていました。電気がいらないため、陸から離れる船にとって便利な連絡手段だったのです。今では無線技術などが発達したことにより、使われなくなってしまいました。

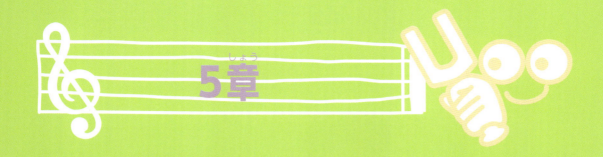

5章

音を反射させる

作り方は60ページ →

声が聞こえる!?
傘のパラボラアンテナ

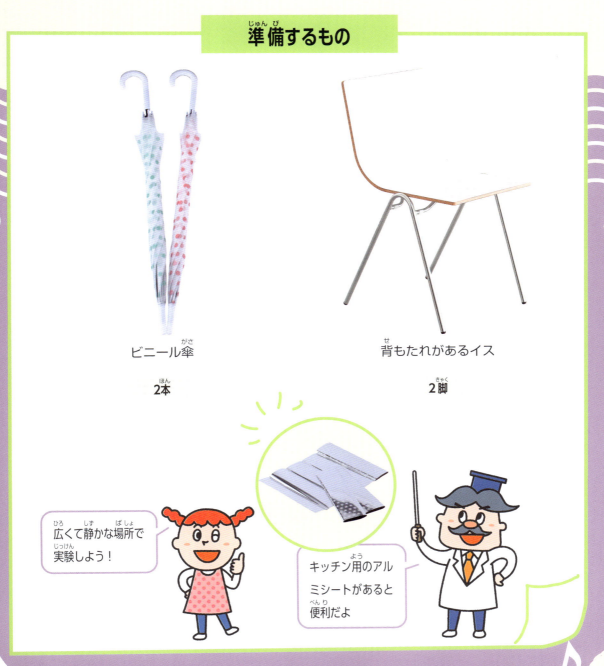

準備するもの

ビニール傘 2本

背もたれがあるイス 2脚

広くて静かな場所で実験しよう！

キッチン用のアルミシートがあると便利だよ

59

実験スタート！

1 ビニール傘を広げて、イスの背もたれにひっかけるように置きます。

おく →

> 傘の柄をまっすぐ向かい合わせるのがポイントだよ

2 ビニール傘の柄が向かい合うように、間を空けてイスを置きます。

5章 音を反射させる

3 片方のビニール傘の内側に向かって話します。

はなす

話したり声を聞いたりするときは、ビニール傘の柄に顔を近づけましょう。

4 反対側のビニール傘の内側で、3の声を聞きます。

声が聞こえにくいときは、傘の内側にアルミシートを貼ってみよう。

ゴール！

なぜ傘を使って会話ができたの？

傘の形が音をきれいに反射する

　実験のように、開いた2本のビニール傘を向かい合わせに置き、一方の傘に向かって話すと、もう一方の傘から声が聞こえてきます。周りの人には、ほとんど聞こえない小さな声でも、聞き取ることができます。なぜ、離れた場所で声が聞こえたのでしょうか？

　それは、傘の形が関係しています。開いた傘は、おわんのような形をしています。これは、放物線（パラボラ）という曲線に近い形です。パラボラ面に平行に入ってきた音は反射して一点（焦点）に集まり、反対に焦点から発した音は、パラボラ面で反射して平行に出ていく性質があります。右の図のように、一方の傘の焦点（A）で声を出すと、反射した音は柄の方向にまっすぐ進み、もう一方の傘で反射して焦点（B）に集まります。

　そのため、おたがいに焦点で会話をすると、音が空中で消えることなく伝わり、さらに、届いた音が一点に集まるので小さな声でも遠くで聞こえるのです。

反射のしくみを利用した「パラボラアンテナ」

　パラボラ形は音だけでなく、光や電波も効率よく送受信できます。このしくみを使って作られたアンテナを「パラボラアンテナ」といい、衛星の受信アンテナや電話局の中継アンテナなどにも利用されています。衛星の受信アンテナは、なんと、地球から約38,000kmも離れた宇宙から送られてくる電波を受信することができるのです。

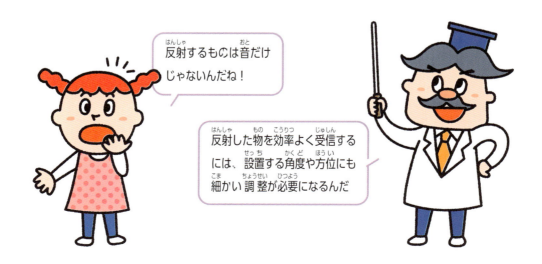

反射するものは音だけじゃないんだね！

反射した物を効率よく受信するには、設置する角度や方位にも細かい調整が必要になるんだ

パラボラのしくみ

5章 音を反射させる

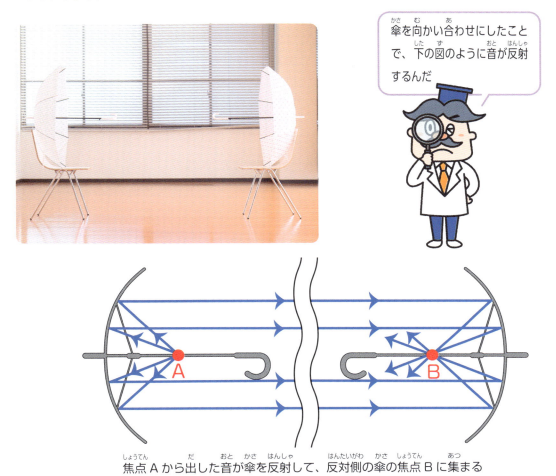

傘を向かい合わせにしたことで、下の図のように音が反射するんだ

焦点Aから出した音が傘を反射して、反対側の傘の焦点Bに集まる

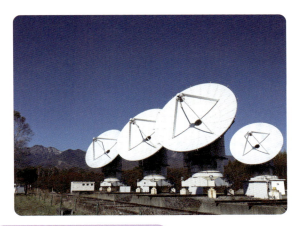

おうちのテレビから宇宙の調査まで、いろんなところで使われてるんだね！

音の反射は身近なところでもおきる

おふろで歌うときれいに聞こえる

おふろで歌うと声が響いて気持ちよく歌えた経験はありませんか？ これも、音の反射によるものです。

おふろは、狭くて固い壁に囲まれています。置いてある物も少ないので、音がはね返りやすい環境が整っているのです。音はどんどん広がろうとしますが、その先に壁があると、壁にぶつかって戻ってきてしまいます。おふろのように狭いところだと、どんどん音がはね返って、新しい音とだんだん弱まって消えそうになった音が響き合い、きれいに聞こえます。

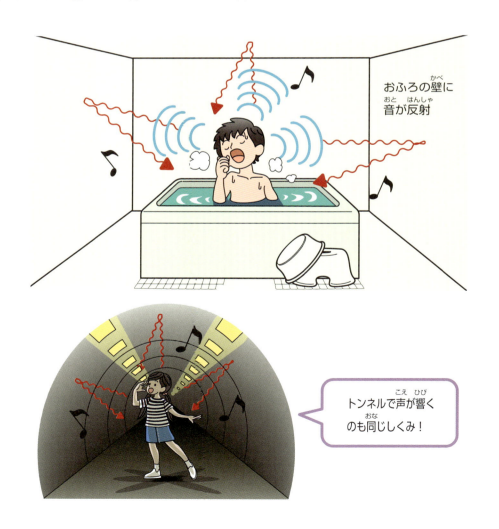

おふろの壁に音が反射

トンネルで声が響くのも同じしくみ！

5章　音を反射させる

「ヤッホー！」が返ってくる山びこ

　山に登ったことがある人なら、一度は「ヤッホー！」と叫んだことがあるでしょう。山びこも、叫んだ声が遠くの山で反射して返ってくる現象です。

　しかし、山で叫べばいつでも山びこが聞こえるわけではありません。では、どんなとき、山びこがきれいに聞こえるのでしょうか？

山びこがきれいに聞こえる条件

声をぶつける相手の山まで約300m 離れている

相手の山との間に声をさえぎるものがない

もちろん、天気は晴れている日が一番よく聞こえるよ！

65

音を響かせる工夫 消す工夫

音をきれいに響かせるコンサートホール

楽器の演奏や合唱を行うコンサートホールは、客席に美しい音が届くように造られています。反射した音が邪魔をされず、さらに美しく響くように、壁の素材や形などにさまざまな工夫がされています。

ちなみに、このような建物を造る仕事をする人を「音響設計士」といいます。コンサートホールのほかにも、映画館や劇場、ライブハウス、リハーサルスタジオなどの施設を造るときに、その施設にぴったりな音を響かせる工夫をした設計をします。

ヤマハホールの場合

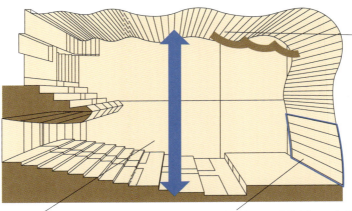

天井を波の形にして、高い音から低い音まできれいに響かせる

高い天井から反射した音が降り注ぐように響く

舞台後ろの反射板で、正面から音を反射させる

ほかにも、さまざまな工夫をして、きれいに響くようにしているよ

66

5章 音を反射させる

音を吸収する音楽室

音楽室の壁には小さな穴がたくさん開いています。「この穴はなんだろう？」と思ったことはありませんか？ 音楽室は、楽器の演奏や合唱など、大きな音を出す場面がたくさんあります。この小さな穴は、音の反射を小さくして、音楽室の中がうるさくならないように開いているのです。

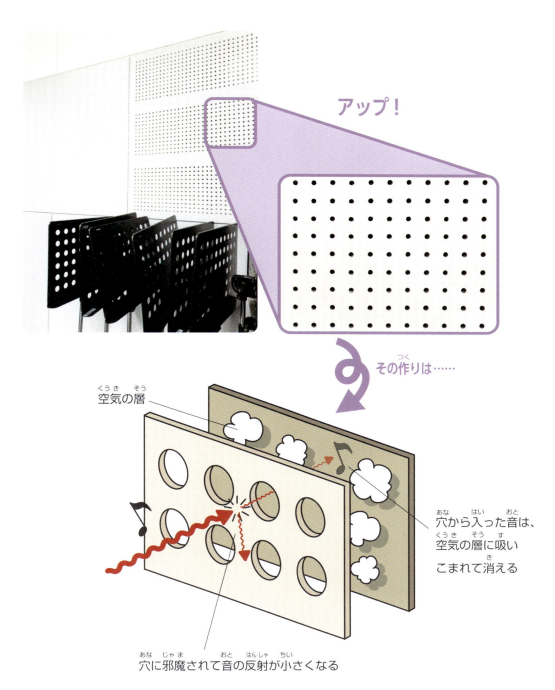

67

音の反射を使った技術

ソナー（魚群探知機）

　ソナーは水中で音波を発信して、音波が魚などに反射して戻ってくるまでの時間から、その距離を測定する装置です。水の中では音波はおよそ秒速1.6kmで進みます。

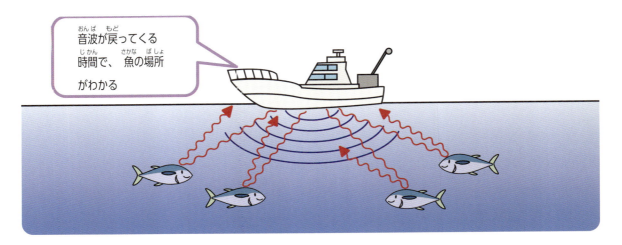

超音波検査（エコー検査）

　超音波検査とは、病院で行われる検査方法のひとつです。超音波という人間には聞くことができない高い音を、患者さんの体に当てて、はね返ってきた音を電気記号に変えて画像にし、検査を行います。この検査で、おなかにいる赤ちゃんの様子なども知ることができます。

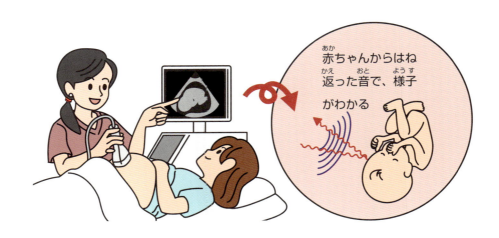

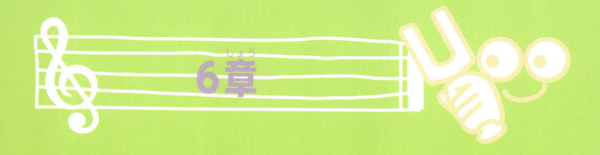

音の速さ

どれくらい速い？
雷の音の速さを測ろう

準備するもの

ストップウォッチ

この実験は雷が見える日にやろう。ほかにも、花火大会の花火が見えるときでもできるよ

♪ **実験スタート！**

1 雷がピカッと光ったら、ストップウォッチのスタートボタンを押して時間を計ります。

♪ **ゴール！**

2 ゴロゴロと雷の音が聞こえたら、すぐストップボタンを押して止めます。

ストップウォッチを止めたら時間を確認しよう。別の日にも同じようにやってみて、比べてみるのもおもしろいよ

71

音が伝わる速さはどのくらい？

音の速さは計算できる！

　実験では、雷が鳴った音の速さをストップウォッチで測りました。日によっては、雷が光った後、ずいぶん時間が経ってから音が聞こえたかもしれません。では、音はどのくらいの速さで届くのでしょうか？

　音は物のふるえが耳に伝わることで聞こえます。物がふるえて、そのふるえが空気を伝わって耳に届きます。そのため、空気があれば、離れていても音が聞こえます。

　その速さは、実際に計算することができます。空気の温度（気温）をtという記号、音が1秒間に進む距離（m/秒）をVという記号にすると、音の速さの計算は「331.5＋0.6×t＝V」という式になります。たとえば、気温が20℃の日だと「331.5＋0.6×20＝343.5」となります。つまり、1秒間で約340m進むことになります。じつは、音はとても速いのです。

　音の速さがわかるということは、雷が落ちた場所がどのくらい離れているかも計算できます。雷が光ってから音が聞こえるまでの時間が3秒だとしたら「343.5×3＝1030.5」。つまり、約1km先で雷が落ちたといえます。たった3秒で、かなり遠くまで届きます。

さまざまな物の速さ

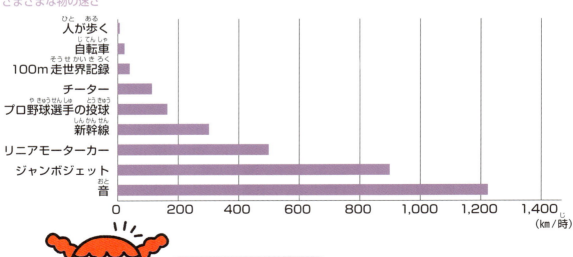

音ってこんなに速いんだね！

6章 音の速さ

気温で音の伝わり方が変わる

空気中で音が伝わる速さは気温が関係しており、気温が高くなるほど音は速く伝わります。

その理由は、気温が高いと、空気中の粒（分子）が激しく動き回って、となりの粒に音の波を伝えるのが速くなるからです。反対に、気温が低いと、粒の動きが小さくなるため、となりの粒へ伝えるスピードが遅くなります。

それでは、昼と夜で音の伝わり方を比べるとどうでしょうか？ じつは、夜の方が音はよく聞こえます。それは、たんに周りが静かになったからではありません。昼は太陽によって地面が暖められ、上空に行くほど温度が低くなります。逆に、夜は地面の熱が空気にうばわれて、地面がより冷やされるため、上空の方が暖かくなります。

下の図のように、地面の方が暖かい昼の場合、上空に行くほど空気が冷たくなるため、音はだんだんと遅くなり、かつ上向きに屈折しながら進んでいきます。反対に、夜の場合は上空に行くにつれ暖かくなるため、だんだんゆるやかな屈折となり、遠くまで音が届くことになります。

つまり、1日のうちで比べると昼より夜、さらに季節の中で比べれば夏より冬の方が、音は遠くに届くことになるのです。このように、気温によって音の速さが変わることで、音の伝わり方まで変わります。

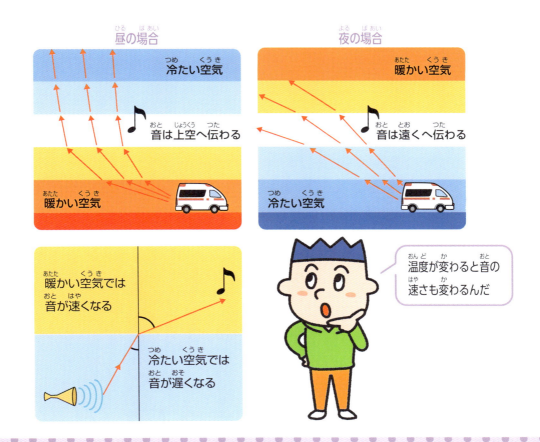

音の速さってどう変わる？

音を伝える物で速さが変わる

　音を伝える物（媒質）には気体、液体、固体があります。どんな物が音を伝えるかによって、音の速さも変わります。たとえば、空気中では、音は約340m/秒で進みます。それに対して、水中では約1,500m/秒、鉄ではなんと約5,000m/秒の速さになります。

　音の伝わる速さが変わるのには、物を形作る粒の密度と、物の硬さが関係しています。軽くて硬い物ほど、速いスピードで音が伝わります。

　航空機の速さなどで「マッハ」という単位を聞いたことがあるでしょうか。先ほどの空気、水、鉄が音を伝える速さをマッハで表すと、空気中はマッハ1、水中はマッハ4.4、鉄はマッハ17と表すことができます。

　ちなみに、音を伝える物がない状態では音は伝わりません。そのため、宇宙のように空気もない「真空」では、音が聞こえません。

材質による音の速さのちがい

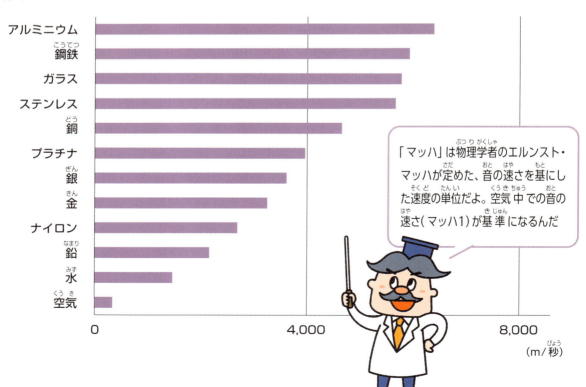

「マッハ」は物理学者のエルンスト・マッハが定めた、音の速さを基にした速度の単位だよ。空気中での音の速さ（マッハ1）が基準になるんだ

6章 音の速さ

空気を伝わる音

　空気中を伝わって耳に届く音は、音を出す物（音源）からの距離が離れれば離れるほど、音が小さくなります。これを「距離減衰」といって「dB」という単位で表します。
　空気中の音は、壁などのさえぎる物を置くことで、ある程度聞こえなくすることができます。また、遮音壁や防音ボックスなどを利用することで、音を抑えることもできます。

液体を伝わる音

　空気と同じように、液体も音を伝えます。液体は、気体よりも密度が高く、形も変わりにくいため、空気の4～5倍のスピードで音が伝わります。
　実際に、音楽に動きを合わせて表現するアーティスティックスイミングなどでは、プールの中にスピーカーを入れ、音楽を流しています。水中では水中スピーカーからの音楽のみが聞こえるので、水中の方が演技を合わせやすいようです。

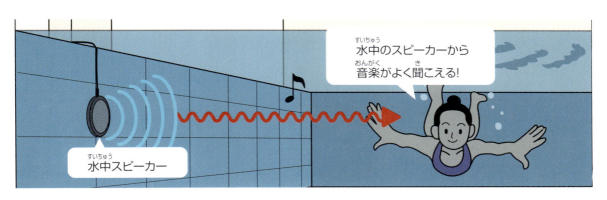

固体を伝わる音

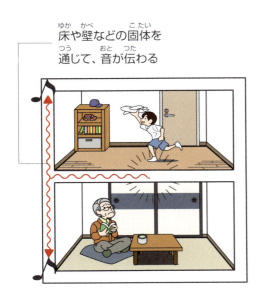

　床や壁、天井などから聞こえる音は、別の場所で起こった振動や衝撃が、固体を伝わって聞こえる音です。固体は、気体や液体よりも密度が高いため、音を伝えやすい特徴があります。
　マンションなどで上の階の音に関するトラブルが、とても多くあります。これは、固体が音を伝えやすい特徴から、想像しているよりも下の階に音が響いているのが原因です。これを防ぐには、ゴムやマットなどで振動や衝撃を和らげる必要があります。しかし、音を100％さえぎるのは難しいようです。

75

速さで音が変わる!?

音が変わって聞こえる「ドップラー効果」

　救急車が近づいて離れていくときに、音が変わって不思議に思ったことはありませんか？　じつは、音を出す物（音源）や、音を聞く人が動くと、聞こえる音の高さが変わります。この現象を「ドップラー効果」とよびます。

音源が動く場合

　救急車を例にして、聞く人の位置はそのままで、音源が近づく場合を考えてみましょう。

　救急車が出す音の波の山は、止まっていても動いていても、同じ時間に同じ数だけ出されます。しかし、救急車が近づいてくるとき、音を聞く人との距離が短くなります。距離は短くなったのに音の波の数は変わらないため、狭い中にぎゅっとつめこむように、波の山が細かくなります。音の波の山が細かくなるということは、空気がふるえる回数が増えるということです。2章の輪ゴムと同じように、ふるえる回数が多いほど音は高くなるので、近づいてくる救急車の音は高く聞こえるのです。

　反対に、救急車が離れていくとき、音を聞く人との距離が長くなります。すると、音の波は引きのばされて、ゆるやかな波になります。ゆるやかな波になると、空気がふるえる回数も少なくなるので、救急車の音は低くなったように聞こえます。

音を聞く人が近づく場合

　今度は踏切と電車に乗っている人を例にして、音源の位置はそのままで、音を聞く人が近づく場合を考えてみましょう。

　踏切が出す音の波の山も、同じ時間に同じ数だけ出されます。音を聞く人が動いていなければ、踏切が出す音の波と同じリズムで、音の波を受け取ります。しかし、電車に乗っていて踏切に近づくと、動いた分だけ受け取る波の数が多くなります。すると、同じ時間に空気がふるえる回数が増えたように感じるため、踏切の音が高く聞こえるのです。

6章 音の速さ

音源も音を聞く人も近づく場合

それでは、音源も音を聞く人も近づくときはどうなるのでしょう？ 両方とも近づく場合は、先ほどの2つの現象が同時に起きます。音源が近づく分、音の波が細かくなり、さらに音を聞く人がその波を多く受け取るので、音がより高く聞こえるようになります。

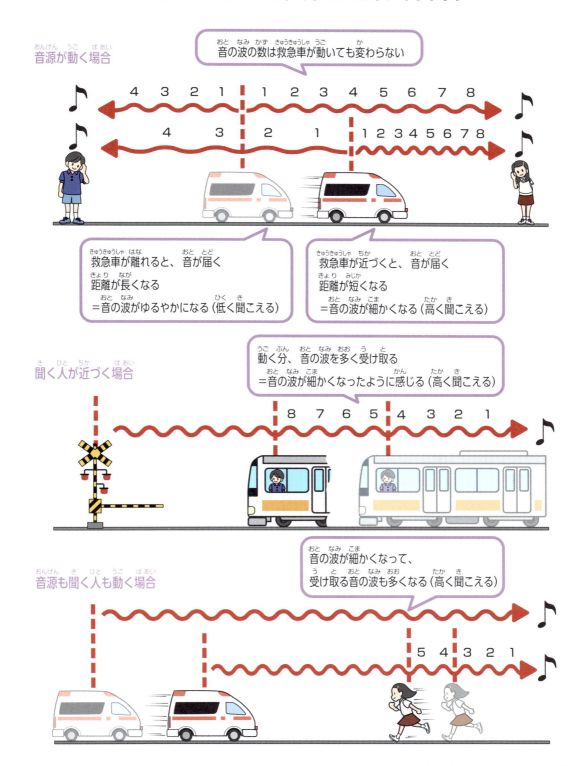

77

音のちがいを意識するとおもしろい

「音」はココがおもしろい！

　この本では、音をテーマにいろいろな実験やそれに関係することを紹介しました。音は目に見えないですが、耳で聞いたり、塩を使って振動として見てみたりすることで感じることができます。

　音楽の時間に楽器を扱ったことがあると思います。ド・レ・ミ・ファ……のように音階があったり、リコーダーとピアノのように同じ音階でも音色がちがっていたり、大きい音、小さい音のように音の大きさがちがっていたりと、さまざまな音があることがわかります。

　また、音の伝わり方についてもおもしろいですね。私たちは普段、音を聞く時は水中ではなく、周りに空気がある状況で生活しています。どこかで音が鳴ったら、空気が振動して私たちの耳に音として伝わります。それが水中だと速く音が伝わりますし、金属を通せばもっと速く音が伝わります。私たちが使っている携帯電話はどうやって音が伝わっているのでしょう？　宇宙飛行士の声はどうやって伝わっているのでしょう？　音の伝わり方は、まだまだ不思議ですね。

これまで気にしていなかった音を意識しよう

　道を歩いていると、じつはたくさんの音が鳴っています。私が今いる場所は、工事の音、鳥の鳴き声も少し聞こえます。鳥の鳴き声もよく聞いてみると何種類かの鳥が鳴いているようですし、工事の音も何やら道路工事の音のようです。

　おうちでの音を意識すると、おふろのお湯がわいた時の音、ご飯が炊けた時の音、目覚まし時計の音など、これらのお知らせの音もちがっていると思います。私たちは、この音のちがいをうまく使いながら便利な生活をしています。このように日常の音を改めて意識すると、これまで気づかなかった新しい音に気づくかもしれませんね。

いろいろな科学実験を自分でやってみよう

　科学実験はたくさん体験してみると、知らないことにたくさん気づきますし、それより何より「おもしろい」。では、どのように科学実験を探せばよいのでしょうか？　まずは、次のような方法で探してみましょう。

（1）インターネットで科学実験を調べる

　インターネットには、たくさんの科学実験があります。なかには実験動画もあると思います。調べ方としては「科学実験」「家でできる科学実験」などで検索するといいでしょう。自分でできる実験と自分ではなかなかできない実験、さまざまなものがあります。おうちの方と相談して実験を選んでみましょう。

（2）科学実験関連の本を図書室などで探す

　学校の図書室や図書館にも科学実験の本が置いてあることがあります。とくに学校の図書室では、子ども向けの本を集めているので、おうちや学校でもやりやすいものがたくさんあるでしょう。一度探してみるのもいいですよ。

（3）学校の「科学クラブ」に入ってみる

　学校のクラブ活動で科学実験をすることがあります。学校の科学クラブは、先生が実験を決めている場合もあれば、子どもたちと相談して決めている場合もあります。科学クラブがあるようでしたら、担当の先生に相談してみるのもいいですね。また、クラブ活動でなくても担任の先生に相談すると科学実験ができることもあります。

（4）科学館に行ってみる

　大きな街だと科学館が近くにあるかもしれません。おうちの方に相談して連れていってもらいましょう。科学館で、科学実験ができるイベントもありますが、せっかく科学館に行くなら、ゆっくり回って、館内にあるものを全部体験してみるのもいいでしょう。

監修

寺本 貴啓（てらもと・たかひろ）

國學院大學人間開発学部教授・博士（教育学）、教科教育（理科）・教育方法学者。1976年兵庫県生まれ。専門は、理科教育学・学習科学・教育心理学。特に、教師の指導法と子どもの学習理解の関係性に関する研究に取り組んでいる。また、小学校理科の全国学力・学習状況調査問題作成・分析委員、学習指導要領実施状況調査問題作成委員、教科書の編集委員、NHK理科番組委員等を経験し、小学校理科を中心に研究を進めている。

執筆

森 雄大（小田原市立足柄小学校）、水野 安伸（横浜市立都田西小学校）、
矢島 淳（小田原市立芦子小学校）、内野 寿秋（小田原市立町田小学校）、
木月 里美（武蔵野市立大野田小学校）、塩盛 秀雄（埼玉大学教育学部附属小学校）

参考文献

『音が出るおもちゃ&楽器あそび』いかだ社
『子ども 音楽事典 楽器 〜オールカラーでわかりやすい〜』
　ヤマハミュージックエンタテイメントホールディングス
『オーケストラ・吹奏楽が楽しくわかる楽器の図鑑 ①弦楽器 ヴァイオリンのなかま』小峰書店
『オーケストラ・吹奏楽が楽しくわかる楽器の図鑑 ②木管楽器 リコーダーのなかま』小峰書店
『オーケストラ・吹奏楽が楽しくわかる楽器の図鑑 ③金管楽器 トランペットのなかま』小峰書店
『オーケストラ・吹奏楽が楽しくわかる楽器の図鑑 ④打楽器・鍵盤楽器 太鼓やピアノのなかま』
　小峰書店

※そのほか、各社・各機関の資料・ホームページ等を参考にさせていただきました。

撮影モデル：内野千佳、内野結生、髙橋智仁、中澤湊、中澤侑乃、松本明香凛
撮影：ヒゲ企画
デザイン：片倉紗千恵
イラスト：キットデザイン
校正：聚珍社

写真提供：
青山ハープ（p14 ハープ）、浅野太鼓楽器店（p14 太鼓）、小出シンバル（p14 シンバル）、トンボ楽器製作所（p14 アコーディオン）、ヤマハ（p14 オーボエ、クラリネット、リコーダー、フルート、トランペット、トロンボーン、ギター、ヴァイオリン、ピアノ、p18, p32, p40 スピーカー、p66）、写真AC

**おうちでカンタン！
おもしろ実験ブック　音の科学**

発行日　2025年1月10日　　第1版第1刷

監　修　寺本 貴啓

発行者　斉藤 和邦
発行所　株式会社　秀和システム
　　　　〒135-0016
　　　　東京都江東区東陽2-4-2　新宮ビル2F
　　　　Tel 03-6264-3105（販売）Fax 03-6264-3094
印刷所　株式会社シナノ　　　　　Printed in Japan

ISBN978-4-7980-7367-5 C8040

定価はカバーに表示してあります。
乱丁本・落丁本はお取りかえいたします。
本書に関するご質問については、ご質問の内容と住所、氏名、電話番号を明記のうえ、当社編集部宛FAXまたは書面にてお送りください。お電話によるご質問は受け付けておりませんのであらかじめご了承ください。